秦皇岛市科学技术协会　组编
李三练　主编

家庭低碳生活常识

东北大学出版社
·沈阳·

图书在版编目（CIP）数据

家庭低碳生活常识/李三练主编. —沈阳：东北大学出版社，2015.9（2017.1 重印）
ISBN 978-7-5517-1078-7

Ⅰ. ①家… Ⅱ. ①李… Ⅲ. ①节能—基础知识 Ⅳ. ①TK01

中国版本图书馆 CIP 数据核字（2015）第 214434 号

家庭低碳生活常识

出 版 者：东北大学出版社
地址：沈阳市和平区文化路 3 号巷 11 号
邮编：110004
电话：024—83680267（社务室） 83687331（市场部）
传真：024—83680265（办公室） 83680178（出版部）
网址：http：//www.neupress.com
E-mail：neuph@neupress.com
印 刷 者：辽宁星海彩色印刷有限公司
发 行 者：东北大学出版社
幅面尺寸：130mm×185mm
印 张：3
字 数：91 千字
出版时间：2015 年 9 月第 1 版
印刷时间：2017 年 1 月第 3 次印刷
组稿编辑：张德喜
责任编辑：潘佳宁 王 宁
责任校对：一 方
封面设计：刘江旸
责任出版：唐敏志

ISBN 978-7-5517-1078-7 定 价:20.00 元

《家庭低碳生活常识》编委会

主　　编： 李三练

副 主 编： 王继斌　李金铭

编写人员： 陈　婧　杨　卓　何　鑫　齐　璐　佟计强　常玉洁　李　欣　季海然

插　　图： 任嵘嵘

前 言

人类进入工业时代之后，煤炭、石油等化石能源的大量使用，产生了大量的二氧化碳，从而导致了全球变暖等一系列的环境问题。低碳生活，指减少二氧化碳的排放，低能量、低消耗、低开支的生活方式。这种生活方式代表着更健康、更自然、更安全，返璞归真地去进行人与自然的活动。如今，这股风潮逐渐在我国一些大城市兴起，潜移默化地改变着人们的生活。

低碳生活看似遥远，却和我们每一个人息息相关。每一个普通民众都拥有改变未来的力量。只要我们从现在开始，改变生活方式，做好自己身边的这些小事，就能节约能源、保护生态，人与大自然就能和谐相处，为保护地球环境作出一份贡献。

为此，我们专门编印了《家庭低碳生活常识》一书，力求通俗易懂地介绍低碳生活的一些常识，为公民践行低碳生活、创造绿色未来提供一定参考。

全书共五章，其中第一、二章由陈婧编写，第三章由陈婧、何鑫、齐璐编写，第四、五章由杨卓编写。王继斌对编写大纲进行了审定。全书由陈婧做初期统稿，李三练、王继斌、李金铭定稿。佟计强、常玉洁、李欣、季海然对稿件进行了大量的审核、校对工作。本书插图由任嵘嵘绘制。由于作者知识水平所限，书中难免有错误疏漏之处，还请广大读者批评指正。

在此，特别感谢河北省科学技术协会对本书出版的关心和资助！

我们期待与您共同努力，开创低碳健康新生活。

编　者

2015年7月于秦皇岛

目　录

第一章

低碳生活 从我做起

低碳生活的定义

低碳，英文为low carbon，指的是较低(或更低)的温室气体(以二氧化碳为主)的排放。低碳生活就是指减少生活中碳的排放，特别是二氧化碳的排放量，从而达到减少生活作息所耗用的能量，达到减少对大气的污染、减缓生态恶化的目的。或者可以简单地理解为：低碳生活就是减少二氧化碳的排放，就是低能量、低消耗、低开支的生活方式。

“低碳生活”作为一种生活方式，代表着更健康、更自然、更安全，返璞归真地去进行人与自然的活动。它最先兴起于西方国家，如今这一风尚已逐渐在我国一些大城市流行，潜移默化地改变着人们的生活。

低碳生活的意义

地球有自己的生物圈，正常情况下，它有着自己的循环体系和循环方式。由于人类生产生活中煤、油、天然气和木柴等的燃烧产生大量的二氧化碳和甲烷，进入大气层后使碳循环严重失衡，改变了地球生物圈的能量转换形式，使地球急剧升温。自16世纪工业革命以来，大气中二氧化碳含量增加了25%，而且目前尚无减缓的迹象。人为排放二氧化碳正影响地球各地的气候，地球面貌因此发生着巨大的变化，气候变化也比人们原先认为的要糟糕得多。

人类只有一个地球。我们绝不能做自毁家园的蠢事。低碳生活的目的，就是要通过人类有意识地改变生活方式，控制二氧化碳排放量，还自然环境本来面目，实现可持续发展。

所以从现在开始，全人类、全社会都应该树立危机意识，自觉行动起来，节能减排，坚持低碳生活。

 低碳生活是一种基本生活态度

低碳生活，最关键的就是尽最大可能，减少不可再生的化石等能源的使用。低碳，涵盖了衣

食住行等各个方面，可以融入我们日常生活的每一个细节。例如，在买衣服时，减少服装的购买，选择环保面料；洗衣服时，尽量减少洗涤剂的用量，减少洗涤次数。在饮食上，尽量选择购买本地、季节性食品，少吃肉类，这样不仅可以减少动物养殖中的众多能源消耗，而且可以减少在屠宰、加工、运输过程中的碳排放；烹饪食品时，最好使用少油、少盐、少加工的方法，这样健康的不仅是自己，还有地球。在居家上，要理智选择合适户型，在装修和家居用品的选择上，也要尽量选用低碳节能的产品。在出行时，多乘坐公共交通工具，选择骑行或步行；购买汽车时，尽量选择低油耗、更环保的汽车，选择合适的车型，因为汽车是二氧化碳的排放大户。

未来，人类在这个地球上的生存繁衍不止千年万年。但近几十年来频发的自然灾害、物种加速灭绝等现象，一再告诫我们：地球只有一个，危情时不我待，低碳生活时不我待。每个人，首先应该自己做个低碳使者、环保主义者，进而再影响他人。对于我们来说，低碳生活不仅是一种生活方式，更是一种生活态度。我们要好好反省一下自己的生活、工作、消费习惯等，常提醒自己：高碳生活不仅浪费钱，还很落伍，很不理智，会殃及子孙后代的生活。如果一部分较早的觉悟者，能够先从点滴做起，持之以恒，久而久之，低碳生活就能成为一种全社会的流行风尚和道德自律。

低碳生活“三不”准则

低碳生活看起来是小事，认识起来也不是太难，扎扎实实地贯彻于日常行动上却并非易事。概要地说，真正做到低碳生活，首先坚持“三不”准则。

第一，不因为事儿小而不为

不要以为“大家的生活都在排碳，我占的份额实在有限，而且此类小事，也不是什么原则问题，不会有人认为我不低碳而影响到对我的看法，更不会有人站出来口诛笔伐，与工厂的烟囱比，我这点排碳量几乎可以忽略不计”，故而随意生活，不加入低碳生活的行列。应该知道，无小善，何以成大德？故而这是一种推卸，为第一不可取也。

第二，不因为别人不为而自己也不为

有些人，无论什么事，就爱跟别人比较。意识之中，别人不作为的事，凭什么我就一定要做呢？比如自己出门要带筷子，不开车，可别人都没带筷子，都在自驾游，别人都在享受生活，而我却如此谨小慎微，这岂不是不公平？殊不知，如果人们都沉浸在诸如此类的排碳“攀比”之中，我们享受低碳生活的愿望，不说将成为泡影，至少在时间表上会大大推迟。

第三，不要因为自己富有而不为

有些人收入高，生活条件优越，他们可能会认为，自己对社会的贡献大，占的排碳量理应也高；还有人提出，我可以掏钱买排碳量。但你要知道，随着社会的进步，富人的队伍也在不断壮大，如果富人都有如此想法，那低碳生活只能是一种想象。

低碳的真实含义是在向人们提供最大的保护和舒适感的同时，使生活对环境影响更小或有助改善环境。低碳生活要把握好两者间的平衡点。比如使用节能灯、安装节水设备、少开私家车、坚持爬楼、不用电脑时选择关机……这些办法都可以减少碳排放，也不会降低生活质量，我们何乐而不为呢?

日常生活方式的碳排放量

日常生活中的一些低碳行动有助于减少碳排放量。下面先让我们看一下日常生活方式中的碳排放量。

少吹电扇1小时，大概可减少0.045千克的碳排放；

少开空调1小时，大概可减少0.622千克的碳排放；

少看电视1小时，大概可减少0.096千克的碳排放；

少用1小时白炽灯，大概可减少0.042千克的碳排放；

少搭乘1次电梯，大概可减少0.218千克的碳排放；

少开车1千米，大概可减少0.22千克的碳排放；

少吃1次快餐，大概可减少0.48千克的碳排放；

少吃l千克牛肉，大概可减少13千克的碳排放；

少丢1千克垃圾，大概可减少2.06千克的碳排放；

将60W的灯泡换成节能灯，至少可减少4倍的碳排放量；

将在电动跑步机上45分钟的锻炼改为到附近公园慢跑，可减少近1千克的碳排放量；

衣服不用洗衣机甩干，而是让其自然晾干，

大概可减少2.6千克的碳排放量；

使用节水型淋浴喷头，一次洗浴不仅可节约10升水，每分钟大概也可减少一半的碳排放量；

省1度电，大概可减少0.638千克的碳排放；

省1吨水，大概可减少0.194千克的碳排放；

省1度天然气，大概可减少2.1千克的碳排放；

每人每天做到每一项，可每天减少约24千克的碳排放。全国每个人每一天都做到每一项，那么每天可减少约3×10^{7}吨的碳排放量。全世界每人每天都能做到每一项，那么每天可减少约1.3亿吨的碳排放量。

有关低碳的名词

这里简单介绍一些有关低碳的常见名词。

碳源

指自然界中向大气释放碳的母体。通常是指含碳化合物，它主要为微生物提供细胞的碳架，提供细胞生命活动所需的能量，是微生物生长所必需的一类营养物质。常用的碳源一般有糖类、油脂、有机酸及有机酸酯和小分子醇等。

碳排放

是关于温室气体排放的一个总称或简称。温室气体中，最主要的气体是二氧化碳，因此用碳（Carbon）一词作为代表。虽然并不准确，但作为让民众最快了解的方法，就是简单地将“碳排放”理解为“二氧化碳排放”。碳排放一般分为可再生碳排放和不可再生碳排放两种。可再生碳排放，是地球表面的各种动植物正常的碳循环，包括使用各种再生能源的碳排放。不可再生碳排放，是指开发和消耗化石能源产生的碳排放。

碳强度

就是指单位GDP的二氧化碳排放量。一般情况下，碳强度指标是随着技术进步和经济增长而下降的。

碳足迹

通常被用来表示一个人或者团体的“碳消耗量”。“碳”耗用的多，碳排放就多，“碳足迹”就大。“碳足迹”越大，说明个人或团体对全球变暖所需要负的责任也就越大。碳足迹分为两类，第一碳足迹，包括因使用化石能源而直接排放的二氧化碳；第二碳足迹，包括因使用各种产品而间接排放的二氧化碳。比如一个经常坐飞机出行的人，会有较多的第一碳足迹；而消费一瓶普通的瓶装水，会因它的生产和运输过程中产生的碳排放而带来第二碳足迹。

碳中和

通行的“碳中和”概念是：“对于那些在所有减少或避免排放的努力都穷尽之后还仍然存在的排放额进行碳抵偿”。也就是指排放多少碳就采取多少抵消措施来达到平衡，实现总量的零排放。它是现代人为减缓全球变暖所做的努力之一。比如，人们可以计算自己日常活动直接或间接制造的二氧化碳排放量，然后通过植树等其他方法来抵消大气中相应的二氧化碳量。这就是一种“碳中和”。

碳汇

碳汇与碳源是相对的概念，一般是指从空气中清除二氧化碳的过程、活动和机制。如果我们说森林碳汇，就是在说森林吸收并储存二氧化碳的多少，或者说是森林吸收并储存二氧化碳的能力。森林是陆地生态系统中最大的碳汇，在降低大气中温室气体浓度、减缓全球气候变暖中，具有十分重要而独特的作用。另外，海洋碳汇也非常重要。地球上超过一半的生物碳和绿色碳，都是由海洋中的浮游生物、细菌、海草以及盐沼植物和红树林等捕获的。

低碳

就是指较低的温室气体(二氧化碳为主)排放。由低碳延展出的相关词汇有：低碳社会、低碳经济、低碳生产、低碳消费、低碳生活、低碳城市、低碳社区、低碳家庭等。

低碳城市

就是指在经济高速发展的前提下，市民以低碳生活为理念和行为特征，保持能源消耗和二氧化碳排放处于较低的水平，同时政府公务管理层以低碳社会为建设标本和蓝图的城市，以“低排放、高能效、高效率”为特征。低碳城市已经成为世界很多城市的共同追求，很多国际大都市都以建设发展低碳城市为荣。在我国，“低碳城市”的理念也应该融入到我们经济社会发展的各方面、生产生活的各领域。比如在一些地方采用太阳能照明，更多地利用地热，更多地回收利用能源、资源和废旧物资等。

低碳经济

低碳经济是以低能耗、低污染、低排放为基础的经济模式，涵盖了几乎所有的产业领域，学者们称之为“第五次全球产业浪潮”。在可持续发展理念指导下的低碳经济，也是通过技术创新、制度创新、产业转型、新能源开发等多种手段，尽可能地减少煤炭、石油等高碳能源消耗，减少温室气体排放，达到经济社会发展与生态环境保护双赢的一种经济发展形态。低碳经济是人类永恒的话题，在生活各个方面对于人类的影响都是显而易见的。长远看，低碳经济不会放慢经济增长，反而会促进经济的新一轮高增长，并增加就业机会，改善生活质量。

第二章

低碳家居细节做起

家是每个人温馨的港湾，是疲惫之人的避风港。拥有一个温暖舒适的家是很多人的梦想。说到温暖舒适的家，首先要有一个良好的环境。而家庭装修，就直接关系到我们以后长期居住的环境。随着低碳生活的提倡，进行低碳装修，也就成了每个户主所要考虑的事情。但同时也要看到，随着社会的不断发展，个性风格、特殊材料和高科技智能产品备受推崇，无疑消耗了许多不必要的能源。所以，少用高科技，少用花哨装饰，少花钱多办事，才是符合低碳装修的三大原则。

要学会发现最常见装修材料的美，并且充分发挥“少即是环保”的装修理念，这是广大消费者步入低碳健康生活的开始。例如，尽量少装饰和

少改动。尽量少装饰，就是房间中少用线角、花样或隔断等。如果必须要用隔断，也尽可能将其与储物柜、书柜等家具合二为一，从而减少其独立存在的机会。尽量少改动，就是即使房间结构存在问题，也别大规模改动，尽量与设计师沟通，尝试用其他办法弥补，控制工期、工作量和降低成本。

下面就介绍一些低碳装修知识。

◆装修时机

有了房子，就会先想到装修的事，人人都想选个居室装修的好时机。那究竟哪个时段才是装修的好时机呢?

一般在每年的8～11月属于装修的旺季，也就是说，这个时候是大家普遍认为的装修好时机。事实上，我们应该根据自己是否急于住房来计划装修时间。如果不急于住房，那么可以在交房时考虑让房子结构有1～2个月的过渡期，甚至可以更长，这样，可以让我们看出房地产商所交付的房屋是否存在问题或者是否完善，特别是可以检验一下是否存在诸如墙体出现裂缝、下水管处渗水、地面空鼓等问题。如果打算春节前入住，那么可以在八九月装修，完工后再通风过渡2～3个月再入住最适宜。

许多人认为冬季不宜施工。因此，每到冬

季，大多数急盼早日乔迁的人家，都停止装修，都盼着寒冬早日过去，来年春天好对自己的新居进行装修。其实，这种认识并不一定正确。事实上，冬季恰恰是装修的最佳季节。因为冬季装修尽管有些弊端，但也有它适于装修的因素。只要处理得当，扬长避短，避免一些冬季装修容易出现的问题，一样可以让装修成功、完美。

冬天装修的好处：首先，油漆质量的好坏直接影响到装修的最终效果，冬季并不影响涂料喷刷效果。这是由于冬季室内暖气的烘烤使空气干燥，油漆干得较快，从而有效地减少了空气中尘土微粒的吸附，此时刷出的油漆效果最佳。其次，由于受价格因素的制约，现在的市场上几乎没有真正烘干的木材，冬季的木材含水率最低，干燥的程度最好，在这个季节里木材不易开裂和变形。从这一点来说，冬天也比较适合装修。

众所周知，冬季的施工条件比其他季节来说相对恶劣，因此，在冬季施工，存在着很多不可避免的问题：首先，冬季的板材都处于收缩状态，如果这时候安装过密，到了夏季气温炎热时板材会热胀，如果在施工时接缝过小，日后会因为没有伸展位置而造成变形。所以要在安装时注意板与板之间的距离。其次，乳胶漆由于是水性涂料，对施工保养条件要求较高。施工和保养温度要高于5℃，环境湿度要低于85%，以保证成膜良好。因此，冬季温度和湿度就显得不是太适合，应尽量在采暖季刷漆，并且保证室内湿度的适宜。

珍视和善用原材料

近几年，居家装修对木材的需求量只增不减，尤其是木地板、木家具、木装饰成为大众消费的热点。为了迎合人们对木材的渴望，同时又能够更充分地使用树木资源，于是板材应运而生。但是能真正做到充分利用原材料的板材家具产品却非常有限。板材利用率高不高、生产过程是不是环保，都关系到最终产品的环保价值。这看似与消费者没有直接关系，但一点一滴的成本控制，最终决定家具的价格，所以每寸的浪费最终“埋单”的都是消费者。只有科学的生产工艺，才可以更有效地利用原材料，才可以使最终售价降下来，这才是环保和实惠的具体体现。

家具选购中的技巧

选择环保家具似乎已经成了家装者必备的技能之一，以下推荐几种选购家具的方法。

望——寻找绿色标志

在选择家具时，如果喜欢选购人造板材等材料制作的家具，就要注意查看家具上是否贴有国家认定的“绿色产品”标志。凡贴有此标志的家具，即可以放心购买和使用。

闻——分辨是否有刺激性气味

在挑选家具时，需要打开门闻一闻里面是否有强烈的刺激性气味。有些气味是油漆、黏合剂等必然附带的，但是如果有大量刺激性气味则可能是使用了不合格的漆料或黏合剂，需要我们慎重挑选。如果购买的是品牌家具，那么可以询问销售人员，请他们对气味做出合理解释，同时查看质检合格证，看是否通过国家检验。如果通过了国家检验但是有少量气味，回家之后就还需打开柜门一段时间方可使用。

问——了解品牌背景

企业的背景决定了家具的质量。在条件允许的情况下，最好选择大品牌的家具产品，一般知名品牌、有实力的家具生产厂家生产的家具污染问题较少。购买家具时，向销售人员询问价格的同时，切记询问家具是否符合国家有关的环保规定、是否有相关的认证等。

切——检查密封是否严密

严密的封边会把游离性甲醛密闭在板材内，不会污染室内空气；而含水率过高的家具不仅存在质量问题，还会加大甲醛的释放速度。因此，在选购家具时可以摸摸家具的封边是否严密，材料的含水率是否过高。另外，如果购买的家具已经给室内空气造成了污染，除了要注意室内通风外，还可以购买一些甲醛吸附剂，来消除家具释放到空气中的甲醛。

旧家具的回收利用

现在提倡低碳环保，旧家具妥善回收再利用无疑是一种良性循环，对改善环境和降低碳排放都有很大的好处，然而，这却是目前市场所面临的一大难题。

目前各主流家具品牌，因种种原因无法涉及回收问题。市场上尚无较为正式的家具回收机构，目前的家具回收利用，大多数是通过小型旧货市场或网络个人完成交易，存在交易烦琐，价格较低的问题。于是旧家具不是扔在垃圾桶旁，就是卖给废品收购人员。这些丢弃的家具去向主要有两种：一是翻新后重新进入二手市场或小型城市等流通渠道；二是被一些不正规小厂加工再利用，成了换汤不换药的“新家具”。因为对旧家具流向的监管缺失，有不合格的翻新家具在消费者不知情的情况下流入市场，也就成了一件在所难免的事情。

旧家具的妥善回收和利用有利于保护环境，也是一种可持续发展的表现。在家具回收方面，家具企业应该有所作为，比如，可以开展老客户旧家具翻新和回收业务，各地政府也可以搭建一个较为正式的二手家具交易平台，这样就可以变废为宝，循环使用，避免浪费了。

 家装设计中的低碳创意

前沿的家装设计师们早就开始关注环保、绿色、低能耗家具，在低碳生活的设计体验上，自有一番心得，同时也具备了更加成熟的主张。在设计师眼中，材料不分贵贱，精雕细琢一番，就有可能引领家装潮流。比如意大利家具Kartell的设计师将工业材料变身时尚家具，这样既容易被回收再利用，也不会对环境造成负担；再有一个名为“冬荷”的装饰品，用工业废旧钢板模仿干枯的荷花，使得孤独与悲凉之情尽显其中；以及

香港某设计师的再生皮革本子、回收展览场地的地毯做的文件夹、废旧报刊做的铅笔等。这些都表达了人们对地球的关爱之心。

让室内色彩回归自然

很多人喜欢用不同的颜色来装饰不同的房间，来营造个性的空间。事实上，深色系涂料一方面比较吸热，大面积使用在墙面中，白天会吸收大量的热能，若夏天使用空调会增加居室的能量消耗。另外，长时间面对较深的颜色，会使人的情绪发生波动。

相比之下白色墙面的反射性能更好，反射系数可达 70% ~80%，更能有效提高光的利用率。因此，天花板和墙壁如采用反射率较高的乳白色或浅色系列装潢，可增加光线的漫反射效果，使房间更加明亮。

如果喜欢房间色彩丰富一些，不妨采用木材、浅色涂料等比较反光的材料来替代深色系涂料，只要设计到位，同样能达到突出个性的效果。

减少吊顶保证空间

目前的家庭装修中，为了让呆板的天花板亮

丽起来，绝大部分人都会选择吊顶。但是过多地使用吊顶，不仅浪费使用空间，而且还有可能加重室内污染。有实验证明，居室的净高与室内空气污染的积累带呈垂直分布状态。当居室净高低于2.55米时，室内各高度水平的二氧化碳浓度几乎就要超过卫生标准，其垂直分布主要积聚在1.2～1.4米的高度，也就是说当人体坐立或站立时正好呼吸到超标的空气。当居室净高在2.67米时，情况就会有所好转；当净高在2.84米以上时，居室中各高度水平上的二氧化碳均不再超过卫生标准。

现在一般的居室高度为2.6～2.8米，更有一些高层建筑的居室高度只有2.5米。所以，我们在吊顶之前，不妨测量一下居室净高，预估一下吊顶后的净高是否在2.55米以上，如果居室过低，最好不要再使用吊顶了。

客厅的节能设计

节能首先要想到节电，那就要最大化增加自然采光率，尽量减少电灯的使用率。可以多使用玻璃等透明材料和镜子等，尽量采用浅色墙漆、墙砖、地板等，减少过多的装饰墙，这样可以增强自然采光。

客厅要尽量选择简洁明朗的装饰风格，如宽

大的落地窗、白色墙壁、浅色沙发等。如果客厅采光不好，可通过巧妙的灯光布置和加大节能灯的使用力度，再加上宽窗、宽门设计，就能充分引入自然光线和新鲜空气，这样就可以减少碳排放量。

可以将使用频繁的会客区域安排在临窗的位置，不用特别设计区域照明，玻璃门与宽窗设计就可以吸收到足够的自然光线，比起人造灯源氛围更柔和。

家用照明需规划

传统的电路设计重点是装饰，客厅、餐厅一律用大吊灯，在陈列柜、背景墙周围装满了小射灯、支架光管。一到晚上，吃一顿饭、看看电视就要把吊灯、背景灯打开，造成极大的能源浪费。这样是非常不低碳环保的。

如果要考虑节能，在装修设计时，就要根据建筑的空间合理布局，尽量利用自然光。根据居室结构、采光条件和平时生活起居合理安排灯的布局。这样既能达到好的感官效果，又能满足节能方案。比如：客人来时及会餐时可以把大多数光源打开；看电视或与客人聊天时，可以打开在沙发顶上或背后几盏灯(用节能灯)。同时根据不同的位置选择相符功率的灯，功率过大费电，功率过小又达不到照明效果。

选择低碳地板

低碳地板所使用的原材料应具有可持续性。看一个品牌的地板是否是低碳地板，主要看它是否具有森林认证。森林认证已经在世界范围内广泛开展，它作为促进森林可持续经营的一种市场机制，特别是欧洲和北美国家的消费者，普遍要求在市场上销售的木材产品应贴有经过认证的标签，以证明他们所购买的木材产品源自可持续经营的森林。所以在采购地板时，要购买通过国际森林认证企业的地板。

电视墙的低碳装修

电视墙通常被看作客厅的面子工程，起修饰客厅的作用，在装修时往往比较受重视，也是最浪费材料，不环保也不低碳。随着电视机的更新换代，液晶电视出现。由于其本身就具有很好的装饰效果，所以电视墙的装修设计可以采用简约风格。

简单实用、环保健康。电视墙的装修不能光为了好看，还要根据自己的需求，将储物空间与电视墙的视觉效果结合起来。在选材上一定要注意选择符合环保标准的产品。用一些容易更新的材质，如壁纸、墙贴、手绘等，或只用色彩来与其他区域区分。这样不仅简单，而且美观。

色彩搭配要明快。为了给人以放松、舒适的感觉，色彩搭配以暖色为宜，线条应简洁流畅、柔和大方。电视墙的灯光光线要柔和，不宜过于强烈。还要注意光反射问题，防止引起二次光污染。

电器选购中的低碳意识

选购新能源电器

新能源实际上是一个广义的概念，是与常规能源相对的概论。按1978年12月20日联合国第

三十三届大会第148号决议，新能源和可再生能源包括14种能源：太阳能、地热能、风能、潮汐能、海水温差能、波浪能、木柴、木炭、泥

炭、生物质转化、蓄力、油页岩、焦油砂及水能。

新能源电器是以最小的能耗获取最大的能量。现在可以有效利用新能源和再生能源的电器设备有太阳能热水器、太阳能灯、太阳能灶、空气能热泵热水器、水源热泵热水器等。

购买节能家电，认准“能效”标签

选购空调、电视、冰箱、热水器等家用电器产品，首先要考虑节能因素。目前我国的节电产品均由中国节能产品认证中心认证，包括家用电冰箱、微波炉、电热水器、电饭锅、电视机等18类产品的节能产品认证。在购买节能产品时，一定要查看产品是否粘贴了国家相关部门颁发的“能效”标签，只有通过国家认可的才是真正的节电产品。能效标签会标明能效等级，共分5个级别，1级为最节能型，5级为最低级。应选择高等级、节能型的产品。另外，我们在选择节能型家电产品时要注意查看产品的生产日期，并查看是否执行最新的标准；要仔细对比产品说明书上所列的技术参数；要根据自己的实际情况比较不同产品的性价比。

节能灯的选购

节能灯具有节电效果明显、使用寿命长、无频闪效应、无噪声、工作电压范围宽等特点，因而日益受到人们的欢迎。

目前市场上的节能灯很多，我们在购买时，

应注意以下五看：一看有没有国家级的检验报告。购买那些通过安全认证和国家绿色照明工程

所推荐的产品，不要购买三无产品，主要有“CQC”（安全认证）和“节”字(节能认证)两种认证标记。二看产品的外包装。包括产品的商标、标称功率、标记的内容，用软湿布擦拭，标志清晰可辨即为合格。三看节能灯外观。好的节能灯应外表光洁，无气泡，灯管内的荧光粉涂层应细腻、无颗粒，呈均匀白色。所以在选购时要注意灯管与壳体是否松动，荧光粉是否均匀，有无颗粒存在，灯管的粗细不应有过大的变化。灯头与灯管应呈垂直状态，不应有倾斜；灯头与电

源的接触面应平整。除此之外，还要看节能灯的外管材料是否耐热、防火。如未使用就出现灯管两端发黑现象，均为不合格产品。四看节能灯质量。消费者可以顺时针、逆时针方向旋转灯头，观察灯头与灯体是否有松动，并用手摇晃节能灯，若灯管与塑料件之间联结牢固就不会有响动。五看使用寿命。合格的节能灯在正常使用时必须达到2000h以上，如达不到此标准，即为劣质品。如果做到了以上这些，消费者对节能灯的质量还是没有把握的话，可以对节能灯进行通电检查。开灯5秒后，再关55秒，观察灯丝发黑发黄的情况，一般无黑黄的节能灯较好。

电冰箱的选择

冰箱的用电量几乎占据了整个家庭用电量的50%以上，因此购买时不能只挑选外观、样式，而是要选择耗电量小的节能冰箱。

节能冰箱不仅保温性能强，而且耗电量少，目前市场上出售的冰箱大多都已经是节能冰箱了。选购节能冰箱要注意哪些问题呢?

大小要合适。一家3口选购140～180升容量的冰箱最适合了，可以避免人口少而冰箱容量大，占地方又费电，而且食物更换不及时对身体健康没有好处。

选大冷藏室小冷冻室的。冰箱容积包括冷藏室和冷冻室两部分。现在生活条件好了，一般很少大量购买肉类等冷冻食品，所以冷冻室的容积不用太大。另外，冷冻室的温度要比冷藏室低5～10℃，如果冷冻室过大，就会增加功耗。因此，选择冰箱时最好选择冷藏室偏大的冰箱。

看综合配置。据专业人士解释，单独依靠某项技术已不足以实现冰箱的完全节能，在购买节能冰箱时需要看综合配置。节能冰箱不仅要用好的绝热板，还要有好的压缩机，这是决定冰箱节能与否的心脏部件；此外，采用双门封能更有效地隔绝内外热的交换，来达到节能效果；同时冷藏照明采用LED白光灯，比普通灯泡更省电，寿命更长，而且还更安全等等。所以只有整体系统有机协调，才能保证冰箱的真正节能。

看冰箱的冷冻力。看节能不能只看耗电量。如果仅仅把目光放在能耗标识上，只是省了电却达不到冷冻的目的，那就得不偿失了。因此，要在看冰箱日耗电量的同时看冰箱的冷冻力，只有冷冻力和日耗电量达到最佳结合才能够算是真正节能。

看制冷方式。目前电冰箱的制冷方式有直冷式和风冷式两种。两种制冷方式各有利弊：直冷式冰箱是凭借直接热传递来降温，冰箱里没有空气流动，优点是食物保鲜程度好，缺点是制冷比较慢、容易结霜；风冷式冰箱除了靠直接热传递导热外，还通过空气对流导热，里面的空气是流动的，优点是制冷速度快，缺点是由于空气常流动，食物容易风干、脱水，需要保鲜膜的保护。

因此，要考虑平时物品的存放量和使用量再选择，建议存取物品次数不多的消费者选择直冷式冰箱。

电热水器的选择

电热水器也是家庭的必备品。现在市面上出售的电热水器主要有储水式和即热式两大类。也应根据需求选择合适的电热水器。储水式中又分为水箱式、出口敞开式和封闭式几种。选购储水式电热水器容量时主要考虑家庭人口和热水用量等因素。一般额定容积为30～40升的电热水器适合3～4人连续沐浴使用，40～50升的电热水器适合4～5人连续沐浴使用，70～90升的电热水器适合5～6人连续沐浴使用。储水式电热水器的保温效果较好。即热式电热水器即开即热，节省时间；由于其不用保温，所以也较省电；因其不需储水，所以体积也较小，节省材料。但由于它是速热型热水器，所以使用时对于电功率要求比较高，一般要求在5000～6000瓦以上，苛刻的用电环境成为其进入普通家庭的瓶颈之一。

洗衣机的选择

2007年3月1日，《电动洗衣机能源效率标识实施规则》开始执行，要求市场上销售的额定洗涤容量为1～13千克的波轮式和滚筒式家用电动洗衣机须全部贴上能效标识，没有标识的不允许销售。节能洗衣机比普通洗衣机节电50%、节水60%。也就是说，相同的用水用电量，节能型洗衣机可以多洗一倍的衣物。买洗衣机一定要认清能效等级标识，选择高等级、节能型的洗衣机。

空调的选择

空调的使用率在现在的家庭生活中逐年升高。同样的制冷效果，节能空调的耗电量仅相当于传统空调20%，运行成本非常低。如果全国的家庭都用节能空调，每年可以节约用电33亿千瓦时，相当于少建一个60万千瓦的火力发电厂，还能减排温室气体。

选择空调，首先选择制冷功率适中的空调。

在选购时，应根据房间体积的大小选择适合功率的空调。如果选择制冷功率过大的空调，会使空调的恒温器过于频繁地开关，从而加大对空调压缩机的磨损，同时也会造成耗电量的增加。而选择制冷功率不足的空调，不仅不能提供足够的制冷效果，而且由于长时间不间断地运转，还会减短空调的使用寿命，增加产生故障的可能性。

现在在售的空调一般分为窗式、移动式、挂壁式、立柜式、一拖多和吊顶式几种，它们各有不同特点，可以根据居家需求选择合适类型的空调。

窗式空调是室内外机合为一体的，适用于小面积房间，安装方便且价格便宜。

移动式空调在许多场合可使用，如厨房、客厅等，可移动性强，适用于局部制冷。

挂壁式空调在家庭卧室、书房最常用，也被通常称为分体式空调。更易与室内装饰搭配，不受安装位置限制，噪声较小。有的分体式空调具有多重净化功能，可对室内空气进行净化。现在更有具备换气功能的分体式空调，有利健康。

立柜式空调适合大面积房间，并可对多个房间进行调温，在客厅最常用。具有功率大、风力强的特点。

一拖多空调其实是分体式空调的一个大分支，有多个室内机共用一个室外机，可用于多个房间。价钱比买多套空调便宜，噪声也较小，可省去安装多台室外机的麻烦。

吊顶式空调具有创新的空调设计理念。室内机吊装在天花板上，四面广角送风，调温迅速，更不会影响室内装修。

对于空调的类型，应根据自己所处的地区及

户型的不同而做出不同的选择。首先，如果两个房间相临且面积相当，可以选择一拖二型的空调；如果是长条形的房间，应该考虑安装风力更强、送风更均匀的柜机；如果是四四方方的客厅，最好选择噪声较小的分体壁挂型空调。其次，尽量选择变频空调。变频空调是在常规空调的结构上增加了一个变频器。变频空调不仅省电，而且噪声小。它的基本结构和制冷原理和普通空调完全相同。变频空调的主机是自动进行无级变速的，它可以根据房间情况自动提供所需的冷(热)量。当室内温度达到期望值后，空调主机则以能够准确保持这一温度的恒定速度运转，实现“不停机运转”，从而保证环境温度的稳定。

吸油烟机的选择

吸油烟机的吸力不是一个独立的性能，是与风量、风压、噪声、净化率等几个性能之间相互制约的。好的吸油烟机是在各种性能间寻找到一个最佳搭配值，如果只单纯强调其中的一项而模糊其他项，则不免有以偏概全之嫌。在购买吸油烟机时应同时关注它的四大性能。

风压。指吸油烟机风量为9米^3/分钟时的静压值。风压也是衡量吸油烟机使用性能的一个重要指标，风压值越大，吸油烟机抗倒风能力越强。国家规定该指标值大于或等于80帕。因此，当其他指标都良好的情况下，风压值越大越好。

风量。指静压为零时吸油烟机单位时间的排

风量。一般来说，风量值越大，越能快速、及时地将厨房里的油烟吸排干净。国家规定该指标值应大于或等于9米^3/分钟。因此，当其他指标都良好的情况下，应尽可能挑选风量值较大的吸油烟机。

噪声。指吸油烟机在额定电压、额定功率下，以最高转速挡运转，按规定方法测得的A声功率级[①]，也是衡量吸油烟机性能的一个重要技术指标，国家规定该指标值不得大于74分贝。

功率。吸油烟机也不是功率越大吸力就越好。吸油烟机的型号一般规定为CXW—□—□，其中第一个□中的数字表示的就是主电机输入功率。提升功率固然可以提升风量和风压，但功率越大可能噪声也越大，而且功率越大也意味着越费电。所以，对于吸油烟机的风压、风量、噪声和电机输入功率应该综合考虑，并不是越大越好。在达到相同吸净率的前提下，风机功率和风量应该越小越好，这样既节能省电，又可以取得较好的静音效果。

---

①声功率级：是声功率与基准声功率之比的以10为底的对数乘以10，以分贝计。

第三章

吃出环保
吃出健康

低碳食物

在日常生活里，一说温室气体排放，我们就很容易想到工厂冒出的阵阵黑烟，或是城市里汽车长龙排出的尾气。大家可能很难想象，我们平时吃的食物也会“产生”大量的碳排放。其实，在我们日常进行的任何活动，都会有一个清晰的“碳足迹”。比如以牛肉汉堡的生产、加工、运输及最终消费为例。饲养一头肉牛，会另外产生220千克甲烷。1千克甲烷相当于23千克二氧化碳制造温室效应的能力。这共计5吨二氧化碳的排放量，平摊到一头牛做成的2000个牛肉汉堡上，每个汉堡二氧化碳排放量就是2.5千克。牛肉汉堡主要原料的储存、运输和加工过程，需要使用柴油、汽油、煤炭等各种碳基能源。光这一部分排出的二氧化碳，平摊到每个汉堡上就高达约3千克。此外再加上运营餐馆和顾客购买过程中所产生的碳排放，每份牛肉汉堡就会为地球增加将近6千克的二氧化碳。

近几年，随着世界肥胖问题的日益严重和人们健康意识的不断增强，“低碳”食品将成为食品行业的下一个“热点”。低碳食品，一般来说就是指生产和食用过程中碳排放较少的食品，它不仅有利于人的身体健康，同时能起到很好的减肥作用。低碳食品主要在于降低碳水化合物的摄入，减轻体重，控制二型糖尿病或相关失调症状，并提高血液中运载胆固醇粒子的比例。

目前，一些低碳食品非常受欢迎。它们的生产加工不仅减少了碳排放量，而且它们本身都是一些低糖或无糖的食品，食用这些食品也很健康。比如眼下流行的低碳饼干，主要是用黑芝麻、大豆卵磷脂、黑豆、黄豆、薏仁、燕麦、小米、山药、莲子、糙米、绿豆、南瓜子、玉米等烘焙而成，既健康又低碳。还比如消暑圣品冰淇淋，竹炭冰淇淋就是其中的一款低碳产品，不仅脱掉了脂肪，里面还没有白糖，而是加入了磨过的竹炭粉，再加入糯米粉，吃起来不会让人发胖。

下面简单介绍几种饮食中的低碳选择。

低碳烹调

烹调方法有很多种，如凉拌、煮、蒸、白灼、炒、炸、炖、烤、煲汤等。但是，到底哪一种更低碳呢？我们来看一看。

凉拌

凉拌是最低碳最健康的吃法。如果是草酸含量稍微高一些的蔬菜，比如苋菜、菠菜、茭白等就要焯一下再拌。

煮

煮不需要油脂，且能减少油烟，是碳排放很少的烹调方法。不过煮的时候，水溶性的营养素和矿物质会流失一些，煮的效率不如蒸。

蒸

一般各种食材都可以蒸，使用非常广泛。蒸菜时，原料内外的汁液挥发最小，营养成分不受破坏，香气不流失。蒸是用水蒸气加热，热效率非常高，成菜时间最短，对资源的占用最小。蒸不但减少营养流失，而且减少烹调油脂，避免油烟产生，减少污染物和废气的排放。

白灼

白灼的原料适用范围很广，荤素皆可。白灼烹调时间较短，会加入少量的油盐，可以很好地保存营养素，同时不会产生油烟，多用于质地脆嫩的菜肴。

炒

一般所谓的大火快炒，可以保持原料中的大部分营养。然而，热油爆炒或短时间煸炒会产生一定的油烟，用油量多，营养素有所损失，碳排放也比较多。

炸

油炸一般使碳水化合物、蛋白质、脂肪等营养素在高温下发生反应，不但营养会受损，还会生成许多致癌物质。油炸过程中还会产生大量油烟污染空气，厨房中有害物质扩散也比较慢，对健康会造成非常大的危害。

炖

炖分清炖和炒炖两种，是比煮时间更长的烹饪手段。清炖不需添加额外的油脂；炒炖要先把原料炒一下再炖，用油量会比煲汤多。建议低碳炖肉法多选用清炖，或用新鲜蔬菜比如番茄、芹菜等来调味，搭配莲藕、马铃薯、胡萝卜等使营养更均衡。

烤

烤是从外部加热，缓慢渗透到内部，常用的是家庭烤箱。虽然口感外焦里嫩，但营养损失特别大。同时家庭烤箱也是家里的“耗能大户”。而用炭火烤制不仅不利于环保，而且会排出含有致癌物的气体，有害健康。

煲汤

煲汤是一种低碳吃法。比如用排骨煲汤就比

香酥排骨或者糖醋排骨更低碳。许多人喜欢“老火靓汤”，其实这样不但会增加碳排放，还会影响健康。建议一般煲汤时间不要超过一个半小时。

养成低碳烹饪习惯

也许你已经习惯了你的烹饪方式，但倘若你稍作改变，将可以省下一些不必要消耗的燃气，省下一笔不小的费用。因此，何不优化一下你的烹饪方式呢?

尽量使用高压锅

如果家里有高压锅，炖肉煮饭的时候要尽量选用高压锅，这样可以减少热量的散发，既快捷，又可节能。想想看，炖一锅排骨，如果在煤气灶上，要用两三个小时，而在高压锅里，只用15分钟就足够了，何乐而不为呢。

蒸馒头先上屉后开火

蒸馒头时，人们习惯于把锅里的水烧开后再放馒头，其实这种做法是不对的。因为馒头放入热水锅中外部急剧受热，容易使馒头夹生，如果先把馒头上屉再开火蒸，使温度慢慢上升，不仅馒头受热均匀，容易蒸热，而且还能弥补面团发酵的不足，增加口感。

煮挂面要注意火候

煮挂面时不要等水完全沸腾了再下面，应当在锅底有气泡往上冒时就下挂面，然后搅动几下，盖好锅盖，烧开后适量添些凉水，等水第二次沸了稍加搅动即熟。这样煮面条不仅速度快，而且面条柔软，汤更清。

炒菜也可省燃气

炒菜开始下锅时火要大些，火焰要覆盖锅底，但菜熟时就应及时调小火焰，盛菜时不要关火，而是将火减到最小，直到第二道菜下锅再将火焰调大，这样既省燃气，也可减少由于空烧造成的油烟污染，同时也可以省去反复开关火的麻烦。

炒菜焖一焖，省油省气熟得快

不少人炒蔬菜的时候喜欢敞着锅盖，而且喜欢大火或大油不停翻炒，其实这种做法不但费时、费油、费力，而且还会让蔬菜的营养素流失。你不妨试一试，在炒蔬菜的时候，放入少量油，油热后倒入蔬菜翻炒几遍，然后沿炙热的炒锅边上倒一点水，就会产生大量的水蒸气，这时候盖上锅盖焖一二分钟，再略微翻炒，加入调料就可以了。这样不但能让蔬菜熟得快，而且减少了烹饪带来的营养素损失。更重要的是还能省油省气，节能环保。

盖好锅盖保持热量

不管是炒菜、炖菜还是煲汤，只要盖上锅盖

便可使热量尽可能地保持在锅内，这样既可减少水蒸气的散发，从而缩短做饭的时间，减少燃气使用量，又可使饭菜热得更快，味道也更鲜美。同时盖上锅盖也减少了厨房和房间里结露的可能性，省去后续打扫擦拭的麻烦。

中火烧水更省气

很多人认为小火烧水省煤气，其实这样做无形中是将烧水的时间拖长，散失的热量更多，反而要用更多燃气。有人曾作过这样一个实验，在同一个灶眼上分别用大火、中火、小火烧开凉水，看哪种方法最节能。结果是中火烧水最省气。为什么中火烧水最省气呢？因为中火的火焰几乎与水壶锅底等大，能均匀覆盖整个锅底，产生的热能效应最佳，因此最节约燃气。而用小火烧水，升温太慢，部分热量在空气中散发了；大火烧水时，有部分火苗蹿到了壶底外部，这部分热量也相当于被浪费了，因而耗气量反而最大。这个现象，在冬季尤为突出。

和面要“三光”

有些人制作完面食后，手上、面板上、面盆上都粘满了面糊，这些看似不起眼的浪费，累积起来可是一个惊人的数量。和面只有做到“手光、盆光、面光”这“三光”，才能更节省。解决的办法其实很简单，就是要注意水加入的方法，不要一下加完，而是应该分段加。第一次加水先和成“雪花团”，方法是将盆中面粉扒个坑，将适当温度的水慢慢倒入，边倒边用手搅动，将面和成许多如雪花状的小片；第二步是向雪花面上洒水（可用手蘸水朝面上洒），边洒边搅拌，将其和成一团团如葡萄状的小面团，此时面已经成团，将面盆上粘的面用面团擦掉；第三步是用水将手上的面粉洗净，并洒在面上，这样就可以达到“三光”的目的了。

油盐酱醋节约法

很多人在炒菜时，油盐酱醋随手放。其实，只要稍微了解一下它们的投放顺序，不仅能够最大限度地保存食物的色香味，而且能使更多营养物质得到保留，还能节约调料。

油

“热锅冷油”是炒菜的一个诀窍。炒菜时油温不宜升得太高，一旦超过180℃，油脂就会发生分解或聚合反应，并产生具有强烈刺激性的丙烯醛等有害物质，危害人体健康。正确的方法是：先把锅烧热，记住不要等油冒烟了才放菜，八成热时就可将菜入锅煸炒。用麻油或炒熟的植物油凉拌菜时，可在凉菜拌好后再加油，这样会更清香可口。此外，有时也可以不烧热锅，立接将油和食物同时炒，如油炸花生米，这样炸出来的花生米更松脆、香酥，还可避免外糊内生。

盐

放盐时间应根据菜肴特点和风味而定。在炖肉和炒含水分多的蔬菜时，应在菜熟至八成时放盐，因为盐是电解质，有较强的脱水作用，过早放会导致菜中汤水过多，或使肉中的蛋白质凝固，不易炖烂。另外，使用不同的油炒菜，放盐的时间也有区别。例如，用花生油炒菜时则最好先放盐，这样能提高油温，并减少油中的黄曲霉素的产生。用豆油和菜子油炒菜时，为了减少蔬菜中维生素的流失，应在菜快熟时加盐。

醋

醋不仅能保存维生素，促进钙、磷、铁等溶解，提高菜肴的营养价值，还可以达到去膻、除腥、解腻、增香的作用。做菜时放醋的最佳时间在两头，即原料入锅后马上加醋或菜肴临出锅前加醋。其中，“糖醋排骨”、“葱爆羊肉”等菜最好加两次醋：原料入锅后加醋可以去膻、除腥，临出锅前再加一次，可以增香、调味；而做“炒土豆丝”等菜最好在原料入锅后加醋，这样可以保护土豆中的维生素，同时软化蔬菜。

酱油

放酱油的最佳时机是在即将出锅的时候。因为烹调时，高温久煮会破坏酱油的营养成分，并使酱油失去鲜味。炒肉片时为了使肉鲜嫩，也可将肉片先用淀粉和酱油拌一下再炒，这样不仅不损失蛋白质，而且炒出来的肉也更嫩滑。

少吃加工类食物

随着生活节奏的加快，人们已经习惯到超市去买加工好的成品或半成品使用。这类食品对于健康和环保都会造成很大的危害。这是因为这些食品加工过程中，大多要添加许多有损人体健康的食品添加剂，而且存放时间较长，不仅营养价值低，食用后还会产生用于包装的塑料垃圾。

居家做饭够吃就好

每天的米饭吃多少做多少，同时将面食(馒头、花卷、发糕、饼等)尽量做得小一些，避免吃不了造成浪费。应尽量避免剩饭过夜，若有剩下的米饭，应等米饭完全凉了以后用保鲜膜包好，放到电冰箱的冷藏室里。食用剩米饭必须加热至100℃并持续20分钟以上，否则由于淀粉的老化反应，热出的米饭不仅口感差、难以消化，而且会造成营养的流失，严重的可能会导致食物中毒等不良后果。这样既不健康，还会在储存、再加工过程中产生大量的碳排放。

尽量选择本地、当季食物

随着现在社会的发展，尤其是科技的进步，现代农业水平在提升，交通也在飞速发展，我们现在可以在冬天吃到夏天的蔬菜，北方可以吃到南方的水果。但是，从营养健康和低碳饮食上来讲，我们要尽量选择本地出产的时令食物，减少食物因远距离运输而增加的碳排放，而且尤其要少吃空运的食物——因为飞机是最大的碳排放来源。所以我们选择季节时令食物，可以减少因为运输、保鲜而消耗的能量，从而减少碳的排放，当然这样更保证了饮食的健康。

现吃现买最新鲜

很多上班族出于下班后买菜不方便，经常会买很多菜放在家里备着，尤其是现在有了冰箱，可以增加蔬菜的保存时间。但是，放置时间长的蔬菜营养元素逐渐流失，而且时间一长菜还是会腐烂，丢弃会造成浪费。尤其以下蔬菜不宜提前购买：青椒、豆角、菜花、韭菜、菠菜、茴香、生笋、蘑菇、生菜、油麦菜等。所以即使温度适宜，最好也别存放3天以上。

提倡素食

“多吃素、少吃肉”一直以来都是注重养生人士的选择，现在他们又多了一条理由，那就是吃素可以减少温室气体排放。事实上，根据联合国粮农组织曾经做过的调查，畜牧业所排放的温室气体，约占全人类温室气体排放量的18%。人类活动产生甲烷的37%来自肉食，而甲烷的温室效应是二氧化碳的数十倍。所以，在我们日常饮食选择食物种类方面，应该尽量选择植物性食物，尤其少吃牛肉与乳制品，对于减缓地球暖化是有帮助的。那些无肉不欢的人也可以低碳饮食，可选择鱼、禽等粮食转换率较高的肉类。还可以多选择大豆类及坚果类食品，不但可以增加蛋白质的摄入量，同时还可以更多地摄入有利于健康的脂肪酸。由此可见，少吃肉不仅能降低温室气体排放，更对人的健康是有好处的。

 少吃红肉，多吃白肉

所谓红肉指的是在烹饪前呈现出红色的肉，这种肉的肌肉颜色暗红、纹理较深。比如猪肉、牛肉、羊肉、鹿肉、兔肉等所有哺乳动物的肉。所谓白肉指的是在烹饪前呈现出白色的肉，诸如鸡肉、鸭肉等一些禽类的肉，以及鱼、虾等海鲜

类动物的肉。人毕竟是杂食动物，我们当然不可能不吃肉，那么在选择吃肉时尽量选择白肉，少吃红肉，原因如下：

少吃红肉更益健康。你可能不知道，红肉和白肉对人类慢性病的影响不一样，那些喜欢吃红肉的人群患结肠癌、乳腺癌、冠心病等慢性病的危险性会增高，而吃白肉则可以降低患这些病的危险性，从而保持健康，延长寿命。美国的研究表明：每周食用5次以上红肉的男性与每月食用红肉不足一次者进行对照，前者的结肠癌相对危险性增加2.57倍。反之，多食乳品、家禽和植物性脂肪的人群，患结肠癌的危险性大大降低。同时，与经常吃鸡肉、鱼肉和蔬菜的那些妇女相比，常吃红肉的妇女发生乳腺癌的危险性更大。

从营养学角度白肉更好。红肉的特点是肌肉纤维粗硬、脂肪含量较高，而白肉肌肉纤维细腻，脂肪含量相对较低，在每100克猪肉中脂肪含量高达30.3克，而每100克鸡肉中脂肪的含量仅10克左右，仅仅是猪肉的1／3。红肉的脂肪中多为一些饱和脂肪酸，而其不饱和脂肪酸的含量比较低，而白肉中脂肪中不饱和脂肪酸含量较高。如牛肉中的不饱和脂肪酸仅占脂肪总量的6.5%，而在鸡肉的脂肪中，不饱和脂肪酸占24.7%，高于牛肉近4倍。

从保护生态环境角度白肉也是更好的选择。这是因为红肉（尤其是牛肉）在食品中碳排放量极大。每生产1千克鸡肉需要消耗粮食2.3千克，每千克猪肉则需要消耗粮食5.9千克，而每千克牛肉所消耗的不仅是13千克粮食，还要加上30千克的草料。更要命的是，它们日常反刍还会释放一些甲烷，而它们的粪便，则会释放氧化亚氮。通常情况下，因为饲养牛以及其他家畜需要耗费大量的能源。红色肉类的碳排放量达到了鸡肉和鱼肉的2.5倍。

我们必须面对这样一个事实：不管我们是否愿意承认，那就是吃白肉比吃红肉更健康、更低碳。但是也不一定非得极端到一点不吃，而是尽量少吃，毕竟红肉中富含铁、锌等微量元素以及维生素 B_{12} 等，这些成分对人体尤其是那些正处于生长发育期的孩子是很重要的。

有专家建议，吃红肉在吃法上如果讲究一些，也可以起到白肉的健康效果。在家做红肉时，可以先将红肉略煮，并且放入冰箱冷冻至白色的脂肪凝固，然后将白脂去除，重新烹调，这样就可极大降低脂肪摄入。吃红肉时搭配粗粮，能降低胆固醇的吸收，丰富的膳食纤维还能增加肠蠕动，这样就能帮助身体及时排出有害物质。

喝汤营养又节约

煮饺子时，饺子皮和馅中的水溶性营养素除

因受热小部分损失外，大部分都溶解在汤里，所以，吃水饺最好把汤也喝掉，不但把遗失在汤里的营养食用了，而且还有助于消化和吸收。俗话说的“原汤化原食”就是这个道理。还有些人爱吃捞饭，即将米饭煮至半熟时，将米捞出蒸熟，而把米汤弃之不食，这样的做法是不科学的，因为捞饭的很多营养成分都在米汤里，把米汤扔掉不仅摄取不到营养，而且还会造成浪费。

少用保鲜膜

保鲜膜的出现，给人们的生活带来很大方便，超市出售的热食、分割肉、鸡、蔬菜等大都覆盖有保鲜膜。检测结果也表明，保鲜膜确有保鲜作用。不过，保鲜膜也非尽善尽美，如果选择不当会危害健康。因此，我们要格外注意保鲜膜的选择。保鲜膜选择和使用时需要注意以下几点:

选择安全可靠的产品。购买保鲜膜时要看清标注的原料成分。当前制造保鲜膜的原料有聚氯乙烯(PVC)、聚乙烯(PE)、聚偏二氟乙烯(PVDC)三种，后两种因为不含氯，安全性高。为了增加膜的强度和延展性，有的保鲜膜在生产中加入一种增塑剂二乙基羟胺（DEHA）。尽管二乙基羟胺目前在《中华人民共和国食品卫生法》上尚无限制规定，但动物实验表明，它有致癌的危险。所以也尽量选用不含DEHA的保鲜膜。

削去与膜接触的部分再吃。从市场上购买的覆盖保鲜膜的食品，到家后要立刻去掉保鲜膜，防止膜与食物直接接触时间过长，使有害物渗入食物内部。用保鲜膜包盖的瓜果，食用前最好削去与膜直接接触的部分。

不用保鲜膜包装热的食品。众所周知，热与保鲜膜格格不入，因此食品未凉时不要马上加膜，这样不仅安全，而且营养成分损失较少。用微波炉加热时切记，在任何情况下都不要让膜直接与食品接触。

如今，保鲜膜已被列入白色垃圾之列。无论保鲜膜是用何种材料制作的，都是难降解的，出于环保考虑，还是尽量使用纸或其他容易降解的包装材料。

 蔬菜巧保鲜，省钱又低碳

家里购买蔬菜最好够吃就好，如果一时买多了吃不完，能让它们保鲜继续食用，那么无形中不仅减少了不少家庭支出，而且也可降低再生产蔬菜所排放的二氧化碳。下面简单介绍几种蔬菜保鲜小妙招：

香菜

挑选棵大、颜色鲜绿、带根的香菜，将其捆成500克左右的小捆，再在外面包一层纸(以不见绿叶为好)，装入塑料袋中，松散地扎上袋口，让香菜根朝上并将袋置于阴凉处，随吃随取。用此法贮藏香菜，可使香菜在7～10天内菜叶鲜嫩如初。如果要长期贮藏香菜，可将香菜根部切除，摘去老叶、黄叶，摊开晾晒1～2天，然后编成辫儿，挂在阴凉处风干。食用时用温开水浸泡即可，这样的香菜色绿不黄，香味犹存。

芹菜

将用不完的芹菜先用报纸裹起来，再用绳子扎好，然后在屋内阴凉处放置一个水盆，将芹菜根部立在水盆内不脱水，这样可使芹菜保持在一个星期左右，不脱水，不变干，吃时仍很新鲜。

茄子

要保存的茄子一般不能用水冲洗，还要防雨

淋、防磕碰、防受热，并存放在阴凉通风处。因为茄子的表皮覆盖着一层蜡质，它不仅使茄子发出光泽，而且具有保护茄子的作用，一旦蜡质层被冲刷掉或受机械损害，就容易受微生物侵害而腐烂变质。

冬瓜

冬瓜在切开后，剖切面便会出现星星点点的黏液，接着很快就会发黄、腐烂。可取一张与割切面差不多大小的干净白纸贴在上面，并要贴紧，这样冬瓜在三五天内不会变烂。若使用塑料薄膜粘贴，保存的时间能更长些。

土豆

将土豆放在纸箱里，同时放进几个苹果。苹果在成熟过程中所散发的乙烯气体可使土豆长期保鲜。

西红柿

挑选果体完整、品质好、五六分熟的西红柿，将其放入塑料食品袋内，口扎紧，置于阴凉处，每天打开袋口1次，通风换气5分钟左右。如塑料袋内附有水蒸气，可用干净的毛巾擦干，然后再扎紧袋口。这样，袋中的西红柿会逐渐成熟，一般可维持30天左右。

韭菜、蒜黄

冬季，买来的韭菜、蒜黄、青蒜之类的青菜，如果一时吃不完，可用新鲜的大白菜叶子将其包好，放在阴凉的地方，可保鲜数天。但是要注意，吃不完的青菜切忌用水洗。

多喝白开水，少喝饮料

在日常生活中，大部分人尤其是现在的一些年轻人，都不喜欢白开水的平淡无味。相比之下，碳酸饮料或咖啡等饮品，理所当然地成为了白开水的最佳替代品。但是，谁会想到，就是这些人们喜欢的饮料，不但违反低碳原则，也会引起人的一些疾病，比如糖尿病。

通常，碳酸饮料的口味多样，但里面的主要成分都是二氧化碳，所以喝起来才会觉得很爽、很刺激。事实上，少量的二氧化碳在饮料中能通过蒸发带走人体内的热量，从而起到降温作用，还能起到杀菌、抑菌的作用。但是，如果碳酸饮料喝得太多对肠胃是没有好处的，而且有可能影响消化。因为当大量的二氧化碳在抑制饮料中细菌的同时，对人体内的一些有益菌也会产生抑制作用，导致消化系统受到破坏。特别是年轻人、一些未成年儿，喜欢喝汽水、喜欢冰镇汽水带来的刺激，往往一下子喝太多，甚至拿饮料当水喝，那么大量释放出的二氧化碳很容易引起腹胀，影响食欲，从而造成肠胃功能紊乱。

当然，除了这些让人清爽、刺激的二氧化碳汽儿，碳酸饮料的甜香也是吸引人们饮用的重要原因，这些甜味儿来自甜味剂，也就是说饮料含糖量太多。因此，本身患有糖尿病的人，尽量不要饮用碳酸饮料。同时这种糖分对孩子们的牙齿发育很不利，特别容易腐损孩子们的牙齿。相关调查显示，若长期饮用碳酸饮料，12岁的孩子，齿质腐损的几率会增加76%，而14岁孩子齿质腐损的几率将会增加到92%，这个数字听起来多么恐怖。而且过多的糖分被儿童吸收，非常容易引起肥胖，它给肾脏带来了极大的负担，这也是引起儿童糖尿病的隐患之一。如果你平时仔细注意一下碳酸饮料的成分，就不难发现，大部分里面都含有磷酸。一般人都不会在意，这种磷酸会潜移默化地影响人的骨骼，常喝碳酸饮料的人，骨骼健康会受到很大的威胁，长此以往就将患上骨类疾病，这绝对不是危言耸听。

有人会因此而选择无糖型的碳酸饮料，或者

选择无碳酸的果汁饮料，尽管喝这种碳酸饮料减少了糖分或二氧化碳的摄入，但有的酸性仍然很强，或者添加了许多防腐剂和色素，同样可能导致齿质腐损或身体的损害。

随着现代社会生活节奏的加快，出门携带一瓶饮料补充水分的确很便利。但是，喝水要比喝饮料更解渴、更健康。因为白开水的浓度远远低于饮料，人在口渴要补充水分时，如果喝饮料，细胞内的浓度可能低于饮料浓度，使细胞处于失水状态。而在喝白开水时，水的浓度要远远低于细胞中的浓度，也就能使细胞很好地吸收水分，一般饮料都含糖，白开水的张力和渗透力远低于各种饮料，这就是喝了白开水解渴，喝了饮料反而觉得更渴的原因。

戒　烟

一提起香烟，人们就很容易想起万宝路，以及那些改变了万宝路命运的牛仔形象。画面上的那些美国西部牛仔，浑身散发着粗犷、豪迈的男子汉气概，他们深深地吸引了一些消费者的心，吸烟者们都想通过烟这一载体，获得牛仔的气质。不过相信大多数烟民也知道，这种“帅”是要付出代价的。和喝酒不同，适量饮酒对身体有一定好处，而烟不仅对自己的身体有百害无一利，并且二手烟还会危害到他人的身体健康。

现在随着低碳生活理念的传播，人们也开始关注到吸烟过程中的碳排放问题。如果1天少抽1支烟，那么每人每年可节约0.14千克标准煤，相应减少0.37千克二氧化碳的排放。我国现在吸烟人数超过3.5亿，约占全球吸烟总数的1/3。如果全国3.5亿烟民都这么做，那么每年就可节能约5万吨标准煤，相应减排二氧化碳13万吨。因此，烟民们在烟雾缭绕之余，也该进行一下自我反思。

烟的危害是世界性的，世界卫生组织决定，从1989年起，将每年的5月31日定为世界无烟日。我国也将该日作为中国的无烟日。希望我们不仅在无烟日这一天真正做到无烟，在平时也最好能少烟。

限 酒

我国的酒文化源远流长，我们的日常生活也离不开酒，平时应酬也少不了酒。酒是粮食酿造的，适量饮用会对健康有益，但是，如果长期醉酒对身体的心肝脾胃肾都有损害，而且还会引起家庭纠纷，对工作、生活造成一些不可估量的影响。可能你没有发现，其实饮酒对碳排放起着推波助澜的作用，所以我们本着对自己负责、对家庭负责、对社会负责的态度，应尽量少喝酒。减少饮酒过程的碳排放，除了要限制自己的饮酒量，而且还应该注意以下两点：

尽量购买本地产品。在当今社会，物流业是如此发达，消费者可以在本地买到世界各地的产品，但我们在选择产品之前，还是应该首选本地产品，这是因为外地酒需要一个运输过程，这里面产生的碳排放是难以忽略的，购买本地酒就意味着更少的二氧化碳排放。我们可以通过购买本地产品来减少运输过程的碳排放，以实际行动来保护环境，当然从某种程度上也是对本地产业的支持。

选择简易包装。“礼尚往来”是我国的社交行为礼仪，节日里亲友间免不了有个人情走动，送酒经常是首选。这时，人们一般为了面子工程，对包装的精美程度过分关注。于是就有些商家把握消费者好面子的心态，实行过度包装，结果导致一些不必要的碳排放大大增加。比如葡萄酒的酒瓶子是以厚重的玻璃瓶为主流，一个葡萄酒瓶子，特别是磨砂瓶子，它是经过化学作用才形成的，在生产过程中就会产生大量的二氧化碳。葡萄酒除了酒瓶一般外面还有酒盒，酒盒就有木头的、铜的、镀金的、皮的等几种，不同类型的包装，碳排放量也是不同的。国外专家调查研究发现，葡萄酒在生产过程中所产生的二氧化碳排放量，有45%来自玻璃瓶和瓶塞等包装材料，18%来自葡萄酒的陆路运输，12%来自市场行销差旅和观光游客的活动，只有10%来自酿造过程。因此，选择简易包装，既省钱又低碳，何乐而不为呢。

第四章

着装打扮 环保先行

 低碳着装

低碳装，是指按照低碳着装主张，选择在原料、面料、设计加工等方面尽可能采取了低碳排放手段的服装，或采取了低碳排放工艺及购买了相应碳排放补偿的服装企业的服装。低碳着装包括选用总碳排放量低的服装，选用可循环利用材料制成的服装，及增加服装利用率、减小服装消耗总量的方法等。购买衣服的时候，应选择环保面料的、设计简约大方的低碳服装。

目前，在一些环保发达的国家，服饰上已经出现了“碳标签”。“碳标签”是服装生产厂商推行服装生产工序更透明化的一个手段，有利于消费者更快掌握衣服的环保性能。“香港服装企业可持续发展联盟”也计划今后在服装生产上进行低碳流程设计，人们买衣服时不仅能知道衣服的用料，还能了解到整个生产过程中所产生的碳有多少。

低碳环保服装一般由天然动植物材料为原料，如棉、麻、丝毛、皮之类，它们不仅从款式和花色设计上体现环保意识，而且从面料到纽扣、拉链等附件也都采用无污染的天然原料；从原料生产到加工也完全从保护生态环境的角度出发，避免使用化学印染原料和树脂等破坏环境的

物质。低碳服装是以保护人类身体健康、使其免受伤害为目的，并有无毒、安全的优点，在使用和穿着时，给人以舒适、松弛、回归自然、消除疲劳、心情舒畅的感觉。

 有趣的衣年轮

珍古道尔（北京）环境文化交流中心、李宁公司、帝人集团等机构共同组织的“低碳服装”研讨会上，提出了“衣年轮”概念，倡导穿衣的新环保理念。“衣年轮”是基于对树木生长年轮的理解，提出用服装的碳排放指数，来衡定每件衣服的使用年限、生命周期内的碳排放总量及年均碳排放量。将每个人的所有服装的衣年轮汇集

在一起，就构成了每个人的衣年轮图谱。对于每个人的衣年轮图谱，我们关注以下两个问题：一是总碳排放量，所有服装的碳排放量之和，构成每个人所消耗服装过程中产生的总碳排放量，这是我们衡量每个人在服装使用方面环保贡献的终极指标，此数值越低，表示我们因服装而产生的碳排放量越小；二是我们的着装行为，每个人的衣年轮图谱能显示我们每个人的服装消耗习惯，比如说太多的衣年轮表示这个人的服装消耗量大；太多的“低年龄”表示这个人的使用率太低；太多的高龄服装，表示这个人有太多的沉睡服装，每件衣服的利用率太低，等等。小小衣年轮揭示穿衣大道理。我们希望每个人都能养成低碳的着装行为，为环境保护贡献自己的一份力量。

服装为何也要低碳环保

在人们看来，服装与“环保”、“低碳”是没有多大关系的。然而，目前的现实是，许多制作服装的原料，比如棉花、苎麻等，在种植阶段，都大量使用杀虫剂、化肥和除草剂，污染环境；在原料储存时，要用五氯苯酚等防腐剂、防霉剂、防蛀剂；在织布过程中，要使用氧化剂、催化剂、去污剂；在印染中，要使用的偶氮染料中间体、甲醛和卤化物载体及重金属。如果服装企业使用化工类的面料，在服装的最后处理上无法分解，无法重复利用，都会对环境造成非常大的威胁。低碳服装，任重道远。

一件衣服的碳排放量

一件衣服从原材料的生产到制作、运输、使用以及废弃后的处理，都在排放二氧化碳，对环境会造成一定的影响。从纤维提取、染色、加工成布料到制作成衣，以及运输、洗涤、熨烫等一系列过程都会产生碳排放。根据英国剑桥大学制造研究所的研究，一件250克重的纯棉T恤在其“一生”中大约排放7千克二氧化碳，是其自身重量的28倍，这还不包括T恤所产生的环境污染。而化纤材质的服装的碳排放量更高。根据国外一家环境资源管理公司的计算，一条约400克重的涤纶裤，假设它在中国台湾生产原料，在印度尼西亚制作成衣，运到英国销售，假设其使用寿命为两年，用50℃的水和洗衣机洗涤过92次，洗后用烘干机烘干，再平均花2分钟熨烫，那么它“一生”所消耗的能量大约是200千瓦时，相当于排放47千克二氧化碳，是其自身重量的117倍。

相比之下，棉、麻等天然织物不像化纤那样由石油等原料人工合成，因此消耗的能源和产生的污染物要相对较少。在面料的选择上，大麻纤维制成的布料比棉布更环保。墨尔本大学的研究表明，大麻布料对生态的影响比棉布少50%。用竹纤维和亚麻做的布料也比棉布在生产过程中更节省水和农药。

低碳服装的兴起

全球气候变暖对人类生存和发展的影响日益明显，依靠低碳经济化解危机、寻求发展已是全球共识。在这样的大背景下，发展低碳经济，成为我国履行环境责任、占据国际经济竞争制高点的现实途径，也是我国转变经济发展方式，从根本上实现节能减排的必然选择。然而，与我们密切相关的还是低碳生活和低碳消费。我们的日常生活包括衣、食、住、行四部分，而时尚衣装是现代生活中不可缺少的组成部分，其对能源的需求和对环境的污染也有很大的影响。随着低碳经济时代的到来，服装业的发展也要适应全球经济发展的趋势，大力发展基于低碳理念的现代服装产业发展模式迫在眉睫。低碳服装启动了服装转型升级的引擎。“低碳装”、“衣年轮”、“碳标签”等新概念的提出，意在向公众阐释穿着“低碳装”与降低服装碳排放量的关系，号召大家从穿着“低碳装”开始加入环保时尚的潮流中，低碳着装由此兴起。

随着低碳经济时代的到来，低碳经济理念是顺应时代需求的产物。所以服装企业构建低碳经济模式必然是一场突破性的革命，低碳经济模式是一种新型的、符合可持续发展的经济模式。服装企业要抓住低碳经济带来的大好契机，转变传统经济模式，构建低碳经济模式，提高服装企业的管理、技术含量，在企业中广泛应用新设备，低碳面料，自主创新，低碳生产，使低碳理念深入服装企业内部，这样服装企业低碳经济模式才会得到更完美的演绎，而绿色环保、低碳、向往人与自然的和谐统一则将成为服装企业经济发展追求的永恒主题。同时，低碳经济模式也将是服装企业经济发展的必然趋势。

低碳环保服装的5R原则

低碳服装仅用环保材料是不够的，企业在生产过程中还要向环保的5R原则靠拢，即Reduce(节约能源及减少污染)、Reeval-uate(环保选购)、Reuse(重复使用)、Re-cycle(分类回收再利用)、Rescue(保证自然与万物共存)，要将5R原则真正落在实处。低碳环保服装强调用天然但不破坏生态的原材料生产，且在生产加工过程中不产生污染，穿在身上对人体健康没有不利影响，要安全、健康。这类服装其实还体现了回归自然的生活哲学，充满了对生命、对大自然的热爱之情。

低碳面料

目前有越来越多的机构研究与开发这样的新型生态面料来迎合低碳环保服装。比如改进后的聚酯纤维，具备光、生物双降解性能，废弃后在自然条件下一年左右的时间即能完全分解为水和二氧化碳，比纯棉衣服回归自然还快，比如最近一家日本纺织企业与名古屋市立大学携手，利用废弃香蕉茎成功开发出了一种被称为香蕉茎纤维的新纺织材料，为世界上每年多达10亿吨的废弃香蕉茎找到了出路。目前还有植物纤维、大豆纤维、牛奶纤维等面料，其舒适性与手感，具有无可比拟的优越感。在包装上使用可降解的无纺袋进行包装，也能避免对环境造成污染。

认识有机棉

在普通棉的种植过程中，用来杀灭害虫的化学药品中包括某些毒性极强的致癌物质，用来供应养分的合成化肥中所含的硝酸盐长期使用也会

增加土壤中的碱性，还会降低土壤中的肥度。据英国最近公布的数据，全球有1/4地区，用各种

杀虫剂来提高传统棉花的产量，有8000多种化学制剂被用来把原材料变成服装面料和衣物，这些被各种化学制剂制造出来的衣服，很可能此刻正穿在人们的身上。有机棉料则是以有机肥生物防治病虫害、自然耕作管理为主，不使用化学制品，从种子到农产品全天然无污染生产，并以各国或WTO/FAO颁布的《农产品安全质量标准》为衡量尺度，棉花中农药、重金属、硝酸盐、有害生物（包括微生物、寄生虫卵等）等有毒、有害物质含量控制在标准规定限量范围内，这对环境和人体的危害降到了最低。

选购低碳装

选购服装，特别是选购童装，最好选择白色、浅色、无印花、小图案的衣服。这类衣服较少使用各种化学添加剂进行处理，不仅更环保，对人体也更健康。同时，选购衣服时要避免抗皱、免烫、防水、防污等附加功能，通常这些都是用化学药剂实现的。总之，颜色较浅、面料天然、功能简单、大方得体的衣服，便是我们的最佳选择。

低碳穿衣风格

低碳穿衣风格以简约大方为主，过多过繁的设计会导致过多的二氧化碳排放，提倡简约、时尚相结合的风格。颜色选择方面，随季节而变换，夏天以浅颜色为主，避免吸收太多的环境热量导致消耗过多降温所需的电能，冬天以深色为主，多吸收太阳辐射能，降低取暖消耗。

低碳着装新主张

在衣物的使用中，尽量减少洗涤次数，用手洗代替洗衣机洗涤，用洗衣液代替洗衣粉。尽可能减少洗涤次数，不仅节省水电，还能防止洗涤剂的污染。研究显示，平均用手洗代替一次洗衣机的使用，可以减排0.26千克二氧化碳；而如果全国所有的洗衣机每月少用一次，则一年可减排55万吨碳。此外，还可选择降低洗涤温度、改烘干为自然晾干、减少衣物熨烫等更为环保的洗涤方式。研究表明，一件衣服60%的“能量”在清洗和晾干过程中释放。需要注意的是，洗衣时用温水，而不要用热水；衣服洗净后，挂在晾衣绳上自然晾干，不要放进烘干机里。这样，你总共可减少90%的二氧化碳排放量。

减少服装购买。平均每人每年少买一件衣服所节约的能源，就相当于减少约5.7千克二氧化碳的排放。提倡一衣多穿、多穿旧衣或到裁缝店将旧衣翻新。

选择环保面料。如李宁和帝人合作的ECO-CIRCLE面料制作的服装，3000件服装通过ECOCIRCLE系统回收利用过程中降低的二氧化碳排放量，相当于228棵杉木一年吸收的二氧化碳总量。大麻纤维、竹纤维、亚麻的材质比棉都要环保。

购买环保款式。选择百搭又经典的款式、浅色无印花的服装，避免抗皱、防水、防污的服装。

将衣服捐赠给有需要的人。目前，我国西藏、青海、甘肃、四川、贵州等地区仍旧贫困，服装匮乏。注意在捐赠前清洗干净，避免捐赠过程中带来的污染。

 “甲之砒霜、乙之蜜糖”的换衣PARTY

最早，我们把曲别针换别墅的故事当做话题一样取乐。再后来，网上开始出现换物网的概念，也许这就是最早的SNS交友网站。现在人们周末的娱乐又多一项，那就是换衣PARTY。西方有句谚语，一个人的垃圾是另一个人的宝贝。而现在，换客正朝着这个方向坚定不移地走。这样的PARTY无疑也是放松和交友的好机会，说不定哪个男士偏偏爱上你沾满洗不掉的巧克力的围裙，还非要拿钻戒来交换，这其中的寓意根本不需要细细品味。换衣正逐渐走进真实的生活。

 成就普通人奢侈梦的平价租赁

梦寐以求的大牌奢侈品实在太贵，买不起就租来用用吧。6000元的LV、8000元的PRADA、万元的典藏版GUCCI……不用再节衣缩食血拼，只需花上几十块钱，就能把这些大品牌背上身。至于省下来的钱，相信你还有比购物更重要的事。租赁大牌奢侈品的大多是都市白领，有时尚意识，但还达不到能随意购买大牌奢侈品的程度，又需要这样的大牌奢侈品，租赁服务就可

以满足他们的需求。租赁大牌奢侈品的出现，体现了都市人新的生活消费方式。当一种方式受阻时，换一种方式一样可以享受它、使用它。

 旧衣的华丽转身

哥本哈根会议之后，气候变化、减排行动、低碳生活成为谈论最多的关键词，国家元首考虑的是全球气候变化、全国减排行动，我们平民百姓不妨从自己做起，切实地落实自家的低碳生活问题。说到低碳生活，其实包括了方方面面，对于爱美女性来说，有效的减碳方式就是减少服装的购买，提高单件服装的使用寿命。不要小看这一小小的举动哦，一件服装在生产、加工和运输过程中，要消耗大量能源，同时产生废气、废水等污染物。每人每年少买一件不必要的衣服，就可节能约2.5千克标准煤，相应减排二氧化碳6.4千克。

旧衣服究竟要何去何从？以牛仔服装为例，二手衣是可以实现大变身的。

旧衣裤变包包

不需要太烦琐的工程，只需要剪去多余的裤腿，再将牛仔布缝合，就是一只牛仔挎包，不过关键是要做装饰，才能更漂亮。

简单却不乏品位的牛仔包包。用牛仔布缝上

一朵小花，包包是不是变得更美丽？蕾丝花边的应用，让单调的牛仔裤恢复生气。

旧衣裤变收纳器

家里总是缺少收纳的用具，那么不妨用旧的牛仔裤做一些吧，记得牛仔裤的口袋就是最好的收纳袋哦。

旧衣裤变时尚装

之前穿烦的牛仔裙、牛仔裤，用蕾丝、花朵做一些装饰，就是一件新衣，根据你的时尚品位来改造吧。

旧衣裤变装饰品

将牛仔裤拆成小小的方块，拼接成抱枕套。或者将牛仔裤剪成一朵朵小花，然后交错缝到一起，立体可爱的小花就做成了，做成门帘挂起来更好看。

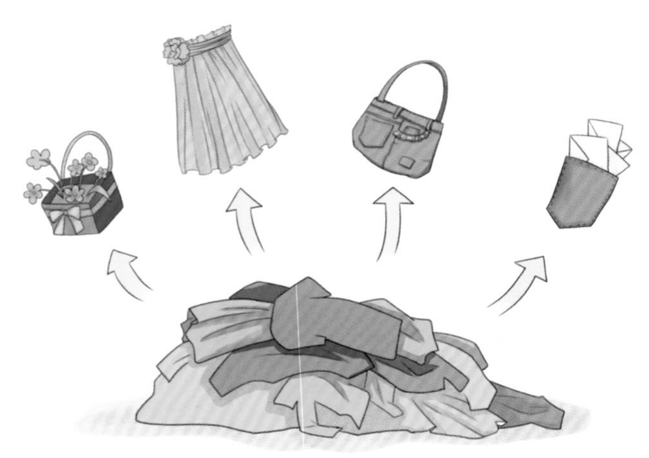

力挺“环保潮流”的大品牌

H&M品牌推出有机棉服装支持环保；Gior-gioArmani的棉麻素材追求天然；Armani提倡自然的才最环保。在不断更新环保材料的同时，Armani每卖出一件衣服，就捐出一定资金给非洲儿童，用于购买治疗艾滋病的药物；环保牛仔裤除了以有机棉制造外，每条裤子的洗涤过程，也用上极少量的化学物质及简单的冲洗方式，就连卷标也以百分百再造纸及大豆制的油墨印制，彻头彻尾符合环保原则。面对逃不掉的“低碳”大考，一些服装企业纷纷行动起来。比如：七匹狼、九牧王、虎都、柒牌等品牌服装企业，纷纷加大低碳产品的研发力度，形成“闽派服企转型风”；在素有南派服装生产基地之称的虎门镇，低碳服装曙光渐现。

第五章

绿色交通 我行我素

低碳交通是当务之急

交通领域、建筑领域和工业领域是三个温室气体高排放的领域。和其他领域相比，交通领域的温室气体排放呈快速上升趋势。随着我国经济的快速增长，交通运输业也处于高速发展期，如果不采取有力措施，交通工具温室气体排放的快速增长会削弱其他领域的减排努力，使整体减排目标难以实现。按照目前的增速，我国小汽车保有量将达到约2亿辆，每增加100万辆小汽车，每年至少增加13.5亿升的燃油消耗。北京市汽车排放的碳氧化合物、碳氢化合物、氮氧化合物占排放总量的40%~75%。小汽车能耗占了城市交通总能耗的约86%。从部分典型城市居民的出行结构可以得出：小汽车的出行比例快速增长，公共交通出行比例过低，自行车等低排或零排放的交通出行方式比例大幅下滑，正逐步远离人们的日常生活，城市交通结构机动化增强、非机动化程度降低的趋势十分明显。按照这样的发展情形，城市交通就可能会被高碳发展模式锁定。如何使居民出行结构趋于合理，倡导低碳交通出行方式已迫在眉睫。

低碳交通、低碳出行

低碳交通就是在低碳经济发展背景下，以高能效、低能耗、低排放、低污染为特征的交通发展理念和行为方式。在出行时，主动采用能降低二氧化碳排放量的交通方式，称之为“低碳出行”。低碳出行，是一种低碳的生活方式，应当成为我国新时期经济社会可持续发展的重要经济战略之一。低碳出行是以低能耗、低污染为基础的绿色出行，倡导在出行中尽量减少“碳足迹”与二氧化碳的排放，是环保的深层次表现。对于低碳出行：一是政府与旅行机构推出的相关环保低碳政策与低碳出行线路；二是个人出行中携带环保行李、住环保旅馆、选择二氧化碳排放较低的交通工具，甚至是自行车与徒步等。

低碳出行，应当成为我国新时期经济社会可持续发展的重要经济战略之一。其中包括三个重点：一是转变现有出行模式，倡导公共交通和混合动力汽车、电动车、自行车等低碳或无碳方式；二是扭转奢华浪费之风，强化清洁、方便、舒适的功能性，提升文化的品牌性；三是加强出行智能化发展，提高运行效率，同时及时全面引进节能减排技术，降低碳消耗，最终形成全产业链的循环经济模式。

当前已有越来越多的城市居民，开始自觉地把低碳作为出行的新内涵，出行时多采用公共交通工具；自驾外出时，尽可能地多采取拼车的方式；在出行目的地，多采取步行和骑自行车的游玩方式；在旅途中，自带必备生活物品，选择最简约的低碳出行方式，住的时候选择不提供一次性用品的酒店。

低碳旅行

多年前，在九寨沟等景区，已禁止机动车进入，改以电瓶车代替，以减少二氧化碳排放量。九寨沟能够多年一直保持清澈见底的水，与其采用统一的环保大巴不无关系。作为出行主体的广大出行者，要为低碳出行出把力则相对容易得多。假日去郊外的出行者，在汽车后备箱中放上一辆折叠自行车，开车至郊外，改骑自行车，去体验野外的自然风光，便能在回归自然的同时，切实为低碳作点贡献。骑单车或是徒步，这两种以人工为动力的出行，是每个人都能采取的最简约的低碳出行方式。和其他行业相比，旅游业很早就有了“无烟工业”的美称，本身属于服务行业，占用资源少，卖的又是环境和文化，而这恰恰与节能减排的目标相吻合。

低碳驾车

现在的汽车作为文明与前进的象征，已经成为人们日常生活中不可缺少的一个重要组成部分，但频繁的堵车，浑浊的尾气使人们在安享汽车带来便捷的同时，更多的是要去考虑汽车给人们带来的污染而产生的严重影响。现在人们不仅是汽车的拥有者以及驾驶者，还是制造污染的控制者，所以在开车的时候要尽量避免突然变速，选择合适挡位，避免低挡跑高速，定期更换机油，轮胎气压要适当和少开车内空调，从而尽量减少汽车对自然的污染。

低碳出行新主张

步行是良方

徒步，是一种健康、时尚的生活方式，亦是对自然、生态的惬意穿行，与都市人灵魂深处“快节奏、慢下来”的心声完美契合。健康时尚的徒步，既锻炼了身体，又顺应了低碳生活的理念，一举多得，何乐而不为。

别轻易招手打车，能走的时候尽量不坐车。

骑车出行

在北京的二环，即使法拉利也只能一步一挪慢慢走，自行车的速度，有时反而比小车快一些，所以还不如换自行车。多呼吸室外空气，也比闷在车里好。

乘公交出行

公交车带来的低碳福利不言而喻，由于替代了很多私家车，公交车可以改善城市空气质量。如果能进入理想状态，大家都不开私家车，只坐公交车，那么堵车、污染等问题就会随之解决，当然，这只是个理想而已。建议大家多乘公交车。

地铁的速度非常快，能帮我们节省很多时间，而且它也是比较低碳的，所以强烈推荐大家多光顾地铁。

拼车出行

拼车也是一种比自驾车低碳的出行方式，如果5个人一辆车，相当于把5倍的碳排量压缩成1倍，对环境保护贡献很大。

在骑行中享受健康人生

骑行，也称为“低碳出行”，作为一项都市时尚运动，早已风靡全球，也是很多国家倡导低碳生活的一种方式。在低碳经济模式下，人们的生活可以逐渐远离因能源的不合理利用而带来的负面效应，享受以经济能源和绿色能源为主题的新生活——低碳生活。一辆单车、一个头盔、简简单单的骑行装备，却让生活焕发无限的光彩。在骑行中，无边绿色美景尽入视野；在骑行中，挥汗如雨却又畅快淋漓；在骑行中，交流亲密无间且畅快随心。不仅如此，骑行还可以强健身体、修身养性、瘦身健美，简单的方式却让在格子间的人们一举多得。爱青春，爱环保，爱生活，低碳骑行铸造健康人生。

 低碳交通不简单

科学的规划建设

采用土地混合利用模式，建设特定导向的自行车道；采用公共服务、居住等功能混合的土地利用方式，减少出行距离；建设连接某些单元的特定自行车道，如建立连接小区与公共设施的专用自行车道。

合理的交通组织

灵活组合多种交通方式，合理安排公交线路及站点设置。倡导私人交通与公共交通之间的存车换乘或接送转乘，鼓励居民减少私人交通的使用频率。同时合理安排不同公交线路的站点布局、发车时间和频率，缩短候车时间。

严密的交通管理

鼓励社区组建汽车共享俱乐部，企业组织雇员通勤交通。

广泛的低碳宣传

加大社区内部宣传，形成低碳消费观。社区居民大多认可低碳的理念，但并未贯彻至低碳消费实际行为。应该更多地宣传与“低碳”相关的知识，倡导低碳生活方式。

低碳出行的株洲市

良好的城市公共交通体系是城市建设中的一个重要组成部分。通过多年的努力，株洲市已基本建成低碳出行体系，成为湖南省第一个“国字号”低碳交通试点市，步行、自行车和公交车出行比例占城市交通的60%以上。

“五改”让人行道宽阔舒适

近年来，株洲力推市政基础设施提质改造。2008年政府提出“五改”工程——小街小巷改造、砼改沥、人行道板改造、“穿衣戴帽”[1]、电力杆线入地，并将其列入了政府工作计划。“五改”不仅改变了城市的主干道，更是打通了老百姓的出行路，共改造小街小巷200余条，对人行道进行拓宽和绿化提升，也对盲道等无障碍设施进行完善，让行人走在人行道上更舒坦。

公共自行车覆盖全城

永久、凤凰……说起这些牌子，总能唤起一代人对于自行车铃声响彻大街小巷、乡间田野的群体记忆。如今在株洲街头，这种熟悉的记忆重新鲜活起来，在人们的生活中扮演着新的角色。如今，株洲市公共自行车系统已基本全城覆盖，全市公共自行车租赁系统已有1000个租赁点、20000台自行车。目前，环卫工、城管人员、公安等不少工种，都选择公共自行车作为他们工作的主要代步工具。目前，全市公共自行车使用量超过1800万人次，单日最高突破20万人次，日均使用量在15万人次以上。市民办卡已超过10万张，并以每天400张左右的速度递增，骑行总里程达3600万公里，按每百公里耗油8公升计算，节约成品油288万公升，减少碳排放近万吨。该市用3年时间，完成了城区627 辆油电混

① “穿衣戴帽”，是“穿衣戴帽工程”的简称，原指一定历史时期所实行的对建筑物进行改造的工程，主要目的是使其具有中华特色，后来演变成了泛指一切改造建筑的工程。

合公交车改造，成为全国首个电动公交城。城市公交车置换成纯电动或混合动力车后，公交车辆百公里平均节油率超过15%，车辆出勤率达到了98%以上；两年累计节油600多吨，节约燃油成本近500万元，减排二氧化碳6000吨、一氧化碳35吨、碳氢化合物8.75吨、氮氧化合物12.25吨。公交车全部置换后，公交车尾气污染物排放总体下降达30%。